AF586226

Quelques Notes

CONCERNANT

L'AGRICULTURE

NOTAMMENT

SUR L'IMPORTANCE ET L'EMPLOI

DES

ENGRAIS CHIMIQUES

PUBLIÉES PAR

M. LEDERLIN

Conseiller Général des Vosges

Maire de Thaon

ÉPINAL

IMPRIMERIE VOSGIENNE, 9, RUE DE LA CALANDRE, 9

—

1894

MANUEL D'AGRICULTURE

ET D'HORTICULTURE

A L'USAGE DES ÉCOLES PRIMAIRES ET DES COURS D'ADULTES

PAR

J. SION

DIRECTEUR D'ÉCOLE NORMALE

Sous ce titre, la maison Gédalge, 75, rue des Saints-Pères, 75, Paris, publie un volume de 215 pages que nous nous permettons de signaler à l'attention de MM. les Instituteurs.

Quelques Notes

CONCERNANT

L'AGRICULTURE

NOTAMMENT

SUR L'IMPORTANCE ET L'EMPLOI

DES

ENGRAIS CHIMIQUES

PUBLIÉES PAR

M. LEDERLIN
Conseiller Général des Vosges
Maire de Thaon

ÉPINAL
IMPRIMERIE VOSGIENNE, 9, RUE DE LA CALANDRE, 9

1894

(C.)

8° S
8317

STATION AGRONOMIQUE DE L'EST

Paris, le 8 mars 1894.

A Monsieur Lederlin, Maire de Thaon-les-Vosges.

Cher Monsieur,

. . . .

Je souhaite à votre libérale entreprise tout le succès qu'elle mérite. Comme vous, je suis convaincu du rôle si important que les instituteurs sont appelés à remplir, comme *vulgarisateurs*, dans nos campagnes, des principes fondamentaux sur lesquels reposent *tous les progrès* en agriculture. Comme vous aussi, je sais combien est grand le zèle et le dévouement de ces éducateurs de nos populations rurales et combien on peut attendre de leur propagande aussi modeste que dévouée pour le bien de l'agriculture.

. . . .

Veuillez agréer, cher Monsieur, l'assurance de mes sentiments les meilleurs et les plus sympathiques.

L. Grandeau.

MINISTÈRE DE L'INSTRUCTION PUBLIQUE

INSPECTION GÉNÉRALE
DE L'INSTRUCTION PUBLIQUE

Paris, 11 mars 1894.

A Monsieur Lederlin, président de la Commission cantonale, etc.

Monsieur le Président,

. . . .

Je ne puis qu'applaudir à votre idée de faire appel à tous nos instituteurs pour répandre dans nos campagnes, qui sont si laborieuses, des connaissances dont le défaut se traduit, comme on l'a dit, par l'établissement d'un régime protecteur.

. . . .

Veuillez agréer, Monsieur le Président, avec mon meilleur souvenir, l'expression de mes sentiments bien dévoués.

L'Inspecteur général,
LEBLANC.

AVANT-PROPOS

De toutes les questions à l'ordre du jour, la question agricole est certainement la plus importante.

Elle préoccupe tous les esprits sérieux et il doit en être ainsi, car l'Agriculture est la première de toutes les industries.

C'est elle qui est la principale source de nos richesses. Sans agriculture il ne peut y avoir de prospérité réelle et il est bien permis de dire que la nation qui la négligerait serait destinée à s'amoindrir, à dépendre de ses voisines et à disparaître dans un avenir rapproché. Or il est de fait que depuis de longues années, l'Agriculture française est en souffrance.

Quelles en sont les causes ?

Je n'essaierai pas ici de les rechercher. Elles sont bien trop multiples et trop complexes. Mais personne ne met plus en doute aujourd'hui qu'en première ligne on puisse citer :

La concurrence facile que nous font les pays étrangers, où la culture des céréales se fait à si peu de frais ; le défaut d'entente entre nos agriculteurs et leur manque d'initiative et d'instruction qui les empêche de s'engager dans la culture productive par l'emploi judicieux des engrais chimiques.

Et cependant ce ne sont ni les études, ni les recherches, ni les récentes découvertes, ni les expériences qui nous ont fait défaut.

Nous savons ce qu'il y a à faire, mais nous n'arrivons pas à l'application.

Ce ne sont pas non plus les livres, ni les publications qui nous manquent, mais ces livres ne sont pas, pour la plupart, à la portée du cultivateur. Il s'y trouve forcément des démonstrations impossibles à comprendre par celui qui n'a pas fait d'études spéciales, des termes scientifiques qui effraient le lecteur de la campagne. Et puis, sont-ils nombreux les cultivateurs qui achètent ces livres ? Eh non ! L'homme de la campagne ne voyant pas le bénéfice immédiat produit par cette dépense ne s'y décide pas et le livre n'arrive pas jusqu'à lui.

D'un autre côté, les agriculteurs ont fait des efforts pour se grouper, pour s'entendre, à l'effet d'étudier les meilleurs procédés de culture.

On a fondé des comices agricoles, des syndicats, des sociétés d'agriculture. Toutes ces créations sont d'une utilité incontestable; il en est résulté d'importants progrès. Mais tout cela ne suffit pas.

D'ailleurs qui est-ce qui profite des réunions de ces sociétés, des rapports qui y sont lus et des expériences qui y sont faites ou expliquées ? Trop peu de monde et le plus souvent ceux qui en cette matière ont le moins besoin de conseils.

Il ne faut pourtant pas laisser perdre le fruit des découvertes et des renseignements de nos savants agronomes. Il faut absolument les mettre à la portée de ceux qui doivent en profiter. A qui donc faut-il s'adresser pour répandre les bonnes méthodes, pour faire parvenir aux cultivateurs les conseils dont on voudrait les voir profiter ?

Eh bien ! dans les entretiens que j'ai chaque année avec les instituteurs du canton, j'ai toujours été frappé de voir combien chacun d'eux est prêt à se mettre au service du cultivateur et à le faire profiter de son expérience et de son savoir.

L'instituteur est le conseiller naturel de ses concitoyens; il est respecté, estimé et aimé, et le cultivateur, connaissant son dévouement, confiant dans la supériorité de son instruction, aime à chercher conseil auprès de lui et à profiter de ses connaissances et de son bon vouloir.

C'est donc à l'instituteur que je n'hésite pas à m'adresser.

Mais aura-t-il le temps de faire les études agricoles qui lui sont nécessaires ? aura-t-il le temps de lire tous les ouvrages qui paraissent sur l'agriculture ? Aura-t-il le temps, surtout dans les petites écoles, de donner un enseignement spécial assez élevé à des enfants de dix à douze ans ? J'en doute.

Et puis, ses ressources quelquefois assez limitées, lui permettent-elles d'acheter ces livres, de s'abonner aux publications et journaux agricoles ?

J'ai donc pensé que si l'instituteur avait à sa disposition quelques ouvrages simples, peu coûteux, s'il possédait une sorte de manuel précisant la méthode à suivre pour l'emploi judicieux des engrais chimiques, il lui deviendrait facile de rendre d'importants et réels services à la population agricole qui l'entoure.

C'est donc dans l'espoir d'être utile au cultivateur et pour faciliter la tâche de l'instituteur que j'ai résolu de publier une petite brochure, composée d'extraits des ouvrages d'agriculture récemment parus et constituant ainsi un recueil de conseils pratiques sur l'emploi des engrais chimiques.

Pour atteindre mon but, j'ai eu recours à l'obligeance et à l'expérience bien connues de M. Henry, directeur de l'école primaire supérieure de Thaon, officier d'académie et lauréat du Ministère pour son enseignement agricole et horticole. M. Henry a lu et analysé les ouvrages suivants :

L'Epuisement du sol et des récoltes, par M. GRANDEAU, directeur de la station agronomique de l'Est (librairie Hachette, 79, boulevard Saint-Germain, à Paris, prix : 1 fr.

La fumure des champs et des jardins, par M. Grandeau (librairie agricole, 26, rue Jacob. à Paris, prix : 1 fr.).

Notions de sciences physiques et naturelles appliquées à l'agriculture, par M. René Leblanc, inspecteur général de l'enseignement primaire (librairie André fils, 6, rue Casimir-Delavigne, à Paris, prix : 1 fr.), etc., etc.

Il a fait de ces divers ouvrages les extraits qui font l'objet de notre brochure. Ces citations sont très souvent la conclusion de démonstrations ou d'expériences faites par nos illustres agronomes et fort bien expliquées dans les ouvrages cités plus haut.

Quelquefois, les unes sont la répétition des précédentes; mais s'il y a double emploi, ce n'est pas par suite d'erreur. Nous l'avons fait avec intention, pour montrer combien nos maîtres en agriculture sont d'accord entre eux pour démontrer l'utilité de l'emploi des engrais chimiques.

Notre travail ne peut donner qu'une idée fort incomplète des ouvrages d'où sont tirés nos extraits. Mais je fais les vœux les plus sincères pour qu'il engage chaque cultivateur et chaque instituteur à mettre dans sa bibliothèque pour les consulter chaque jour, les ouvrages que je lui ai indiqués et dont je lui recommande vivement la lecture.

Tout en souhaitant la réalisation de mes espérances, je me fais un plaisir de faire à MM. les instituteurs des Vosges l'hommage de notre modeste brochure, trop heureux si en en offrant un exemplaire à chacun d'eux, j'ai pu apporter quelques éléments, si faibles qu'ils soient, au développement et à la prospérite de notre Agricultnre.

A. LEDERLIN, ✻, ✻, I ✪,

Maire de Thaon-les-Vosges,
Membre du Conseil général et de la Chambre consultative d'agriculture du département des Vosges.

Thaon-les-Vosges, 6 mars 1894.

QUELQUES NOTES PUISÉES DANS LES OUVRAGES D'AGRICULTURE DE MM. GRANDEAU ET RENÉ LEBLANC.

Éléments de la production végétale.

Toutes les productions végétales sont la résultante de la transformation en matière vivante d'une dizaine de substances minérales empruntées par la plante, sous l'influence des rayons solaires, au sol et à l'atmosphère.

Ces dix corps sont les suivants :

L'oxygène, l'hydrogène, éléments de l'eau ; *l'azote, la potasse, la chaux, la magnésie, le fer, l'acide carbonique, l'acide sulfurique, l'acide phosphorique.*

L'existence de tout végétal est subordonnée à la présence, à un état convenable pour leur assimilation, dans les milieux où vit ce végétal, des composés que nous venons d'énumérer.

Sans être physiologiquement indispensables, trois autre corps, *la silice, le chlore et la soude*, se rencontrent dans toutes les plantes.

(GRANDEAU).

Les expériences décrites dans le chapitre IV du livre de M. René Leblanc nous prouvent que les plantes renferment : 1° *du carbone, de l'hydrogène et de l'oxygène*, c'est-à-dire du charbon et les éléments de l'eau.

2° *De l'azote* faisant partie de la matière organique du végétal ; mais que celui-ci ne peut s'assimiler que sous forme minérale.

3° Des substances minérales, proprement dites, *l'acide phosphorique*, *l'acide silicique* ou sable, *la potasse et la chaux*.

L'analyse chimique révèle ensuite la présence, dans la cendre des végétaux, des corps suivants : *soufre, chlore, sodium, fer, manganèse et magnésium*.

Tous les corps, autres que ceux qui viennent d'être cités sont absolument inutiles aux végétaux, et parmi les quatorze qui leur sont utiles, dix sont toujours en quantité suffisante dans le milieu où le végétal croit ; le charbon et les éléments de l'eau sont fournis par l'atmosphère ; le sol renferme des provisions inépuisables des sept autres.

L'agriculteur n'a donc à se préoccuper que des quatre corps suivants : *l'azote, l'acide phosphorique, la potasse et la chaux*.

(R. Leblanc).

Éléments de la production végétale.

Prenez tel végétal qu'il vous plaira, arbre ou mousse, végétal microscopique ou végétal géant, hysope ou cèdre, la plante que vous voudrez, cherchez quels sont les éléments matériels qui existent dans ce végétal, vous arriverez invariablement à cette conclusion : Il y a dans la plante 14 éléments constitutifs et ces 14 éléments sont toujours les mêmes, ce sont : 4 organiques : *Carbone, hydrogène, oxygène, azote ;* 10 minéraux : *Phosphate, soufre, chlore, silice, fer, manganèse, chaux, magnésie, soude, potasse.*

D'abord, du carbone, de l'hydrogène, de l'oxygène, de l'azote, c'est la partie des végétaux qui brûle dans les cheminées.

Puis une succession d'éléments minéraux qui constituent essentiellement les cendres qui restent dans le foyer.

(G. Ville).

Différence entre les substances organiques et les substances minérales.

Les substances organiques proviennent du règne animal ou du règne végétal ; elles noircissent par la chaleur et s'enflamment, elles laissent pour résidu des cendres (matières minérales) ; ajoutons de plus qu'elles sont presque toutes susceptibles d'entrer en putréfaction, de pourrir.

Les substances minérales proviennent du règne minéral ; elle ne noircissent pas par la chaleur, elles ne s'enflamment pas et ne pourrissent pas.

(R. Leblanc).

ÉPUISEMENT DU SOL ET LES RÉCOLTES.

Les végétaux ne se nourrissent que d'éléments minéraux.

L'acide carbonique, la chaux, la magnésie, la potasse, les phosphates, les sulfates, les nitrates, c'est-à-dire les éléments inorganiques, sont les seules sources d'alimentation de nos récoltes. Le fumier de ferme, et en général, les détritus d'origine végétale et animale ne peuvent leur servir de nourriture qu'après le retour à *l'état minéral* des matériaux qui les composent.

C'est la nature *inorganique* exclusivement qui offre aux végétaux leurs premières sources d'alimentation.

Sources du carbone, de l'oxygène, de l'ammoniaque.

L'air est la source unique du carbone des plantes dont la matière verte décompose l'acide carbonique gazeux sous l'influence de la lumière solaire directe ; l'atmosphère fournit en outre au végétal une partie de l'eau et de l'azote (sous forme d'ammoniaque) nécessaires à son existence.

(GRANDEAU).

Quantités d'éléments minéraux enlevés par une récolte de céréales.

A la suite de nombreuses expériences et analyses sérieuses faites par des agronomes distingués, on a pu évaluer d'une façon très suffisamment approchée, les quantités d'azote, de potasse et d'acide phosphorique enlevées annuellement au sol français par la production totale des céréales (paille et grain).

En prenant pour base la récolte de 1886 ainsi donnée par les statistiques officielles :

Blé :	11	quintaux	84	à l'hectare.
Seigle :	9	—	93	—
Orge :	12	—	13	—

Avoine :	11 quintaux	30	à l'hectare.
Sarrazin :	10 —	69	—
Maïs :	11 —	71	—
Millet :	9 —	43	—

il a été enlevé au sol, *par hectare*, les quantités moyennes de matières fertilisantes suivantes :

Azote	30 kg. 2
Acide phosphorique	16 kg. 2
Potasse	37 kg. 5

Bornons-nous à constater l'importance des emprunts faits annuellement à nos terres par la seule culture des céréales.

Il y aurait folie, en présence de ces constatations, à négliger, comme on l'a fait trop longtemps, les exigences *minérales* des récoltes ; on irait ainsi rapidement vers l'épuisement du sol. Plus que jamais s'impose la nécessité d'accroître les rendements de nos terres par un bon aménagement de fumiers, par une utilisation mieux entendue des résidus alimentaires des grands centres de population, enfin par l'apport des engrais minéraux destinés à remplacer dans le sol l'azote, l'acide phosphorique et la potasse exportés par les récoltes. Nous ne devons jamais perdre de vue qu'actuellement nous sommes loin d'atteindre en France, les rendements auxquels nous pouvons prétendre avec la qualité de notre sol et la variété de notre climat.

Il faut entrer résolument dans la voie rationnelle, qui consiste à réduire les emblavures aux sols propices à la culture du blé, à porter nos efforts, nos capitaux et nos engrais sur un moins grand nombre d'hectares, et à obtenir sur ceux-ci des rendements beaucoup plus élevés. C'est seulement ainsi que nous arriverons à accroître notablement nos bénéfices par la diminution du prix de revient.

(GRANDEAU).

Quantité d'éléments minéraux enlevés au sol par une récolte de plantes fourragères.

D'après les nombres fournis pour le *rendement moyen* par la statistique de 1886, c'est-à-dire en admettant que les pommes de terre ont fourni à l'hectare 77 quintaux 14

les betteraves	256	—	48
le trèfle	41	—	59
la luzerne	47	—	21
le sainfoin	35	—	»»
les prés naturels	33	—	02
les regains	6	—	27

la récolte *d'un hectare* de chacune de ces plantes fourragères a enlevé au sol :

	Azote	Potasse	Acide Phosphorique
	kg.	kg.	kg.
Pommes de terre. .	26,18	44,66	12,32
Betteraves	47,17	124,12	21,52
Foin	51,15	52,80	14,13
Regain	11,97	13,98	3,20
Trèfle.	81,93	77,36	23,29
Luzerne	108,53	68,92	36,72
Sainfoin	77,35	45,50	16,10

Si l'on se rappelle que les légumineuses et les papilionacées puisent directement l'azote dans l'atmosphère par l'intermédiaire d'organismes inférieurs qui ont leur siège dans les petites tubérosités que l'on constate sur leurs radicelles (Hellriegel et Wilfarth), on comprend les bons effets qu'on obtient en agriculture de l'enfouissement en vert des récoltes de trèfle ou de luzerne et la fécondité des luzernières retournées.

(GRANDEAU).

Traitement et conservation du fumier de ferme.

C'est le plus important de tous les engrais. Le fumier de ferme ou d'étable est formé par le mélange, puis la combinaison, des déjections des animaux avec diverses matières végétales employées comme litière. Les matières organiques se transforment en terreau, sous l'influence de la combustion lente ; l'azote passe à l'état d'ammoniaque. Le fumier au sortir de l'étable, est entassé, encore imprégné d'urine ; il ne tarde pas à fermenter et les réactions chimiques qui produisent les combustions lentes, en élèvent notablement la température.

L'urine contient un principe azoté : l'urée, qui, en se putréfiant, produit du carbonate d'ammoniaque, c'est-à-dire ce sel ammoniacal qui est l'agent énergique ; il commence l'attaque des matières carbonées de la litière. C'est lui qu'il faut conserver avec soin, tant à cause de sa valeur comme engrais azoté que comme agent provoquant la formation du terreau.

Il faut donc par des arrosages convenables au purin, modérer l'échauffement de la masse de fumier, échauffement dont l'un des résultats serait la volatilisation du carbonate d'ammoniaque.

On ne se fait pas une idée de la quantité considérable de cette précieuse substance que perdent encore aujourd'hui la plupart des cultivateurs.

Il faut éviter, à plus forte raison, de laisser le fumier répandu dans la cour, éparpillé par la volaille et chauffé sur une grande surface par les rayons du soleil, toutes conditions particulièrement favorables à la déperdition dans l'air du carbonate d'ammoniaque.

Expérience. — Dans deux pots à fleurs on place du gravier à la partie inférieure jusqu'à moitié de la hauteur, et on les remplit de sable ou de terre stérile;

Fig. 58. Déperdition, par évaporation, des principes fertilisants du fumier

Du fumier et du purin *frais* sont introduits dans une bouteille ou une carafe fermée d'un bouchon *bien ajusté* et muni de deux tubes; les produits ammoniacaux se dégagent au centre de l'un des pots. Pour que l'air agisse comme si le fumier y était exposé, on souffle de temps à autre par le tube plongeant dans la carafe. Exposer le tout en pleine lumière; les assiettes doivent toujours contenir de l'eau.

on place dessous deux assiettes remplies d'eau, on sème ensuite une plante gourmande d'azote, du ray-grass, par exemple ; et quand l'herbe a poussé de 4 à 5 centimètres, on la tond avec des ciseaux comme du gazon fauché. Si l'opération a été la même pour les deux pots, la végétation est identique. On amène alors dans l'un d'eux les produits gazeux qui s'échappent d'un peu de fumier : au bout de quinze jours le gazon est grand et vigoureux, tandis que l'autre est étiolé ; il mourra de faim si la terre du pot est stérile.

Si du fumier, enfermé dans une bouteille, et perdant par conséquent peu de sa valeur, a laissé dégager de quoi nourrir une forte touffe d'herbe, on comprend que le fumier éparpillé, dans une cour, sur une grande surface, laissera échapper une grande quantité de substances nutritives. Une tonne ou 1,000 kg. de fumier bien soigné, contient environ 5 kg. d'azote ; la même quantité de fumier mal soigné arrive vite à ne plus en contenir qu'un kilog. : à 1 fr. 50 le kilog. d'azote, la perte pour ce seul élément est de 6 fr. par tonne de fumier perdu.

Outre l'azote, le fumier renferme 2 à 3 kg. d'acide phosphorique et de 5 à 6 kilog. de potasse par tonne, le tout valant environ 4 fr. Si le fumier est exposé au soleil sur une grande surface, il le sera de même à la pluie et il reçoit de plus les eaux venues des toits voisins ; ce lavage entraînera des phosphates solubles, toute la potasse et les sels ammoniacaux que l'évaporation aura laissés. C'est ainsi que le cultivateur conduira dans ses champs un engrais qui, au lieu de valoir dix francs la tonne, en vaut deux.

Les cultivateurs soigneux s'efforcent d'empêcher la déperdition des trois substances qui font la valeur du fumier en appliquant les règles suivantes :

1° *Ne pas laisser séjourner le fumier à l'étable parce que la chaleur et le piétinement du bétail favorisent le dégagement de l'ammoniaque ; l'enlever au contraire fréquemment et l'accumuler en tas présentant la plus petite surface possible à l'air (exception pour les moutons).*

2° *Rendre étanche le sol des étables et celui de la place à fumier, de façon à éviter toute infiltration du purin ; établir des rigoles aboutissant à une fosse également étanche (fosse à purin) et voisine du fumier.*

3° *Tasser le fumier pour empêcher l'accès de l'air qui produit des moisissures, consommant de l'azote ; arroser le fumier avec le purin puisé dans la fosse afin de modérer l'échauffement produit par la fermentation.*

Les cultivateurs sont nombreux, qui se plaignent de l'insuffisance de leurs engrais, et qui en laissent perdre des quantités considérables. Il est peu de villages où l'on ne voie encore le purin en flaques dans les cours, s'écoulant le long des chemins jusqu'au ruisseau ou à l'abreuvoir, quelquefois même dans les fontaines ou les puits, après avoir empesté l'atmosphère. De sorte qu'à la déperdition des principes fertilisants du fumier par évaporation, on ajoute, au grand détriment de l'hygiène, la déperdition par écoulement du purin, c'est-à-dire de la meilleure partie du fumier.

(R. Leblanc).

Commerce des engrais minéraux.

Comme toutes les industries qui offrent des débouchés faciles, la fabrication des engrais dits chimiques ou commerciaux est aux mains de négociants plus ou moins honnêtes.

Plus qu'aucune autre, cette industrie est sujette à la fraude de la part de ceux qui l'exercent directement ou de celle des intermédiaires nombreux qu'elle exige. Si l'on ajoute que, malheureusement l'ignorance des cultivateurs, leur crédulité et la tentation du bon marché, à laquelle ils résistent rarement, viennent aider presque partout l'audace des fraudeurs, on se convaincra aisément du nombre considérable de dupes que font les marchands d'engrais.

(Grandeau).

Valeur des engrais minéraux.

Les engrais chimiques tirent toute leur valeur de deux conditions fondamentales de leur constitution : 1° la quantité d'azote, d'acide phosphorique et de potasse, selon les cas, qu'ils renferment par 100 kilogrammes de matière vendue ; 2° l'état chimique et l'origine de ces trois principes fertilisants.

(Grandeau).

Prix des engrais minéraux.

L'azote organique vaut de	1 fr. »» à 2 fr. 50 le k.
l'Azote ammoniacal	1 fr. 40 à 1 fr. 60 le k.
l'Azote nitrique	1 fr. 50 à 1 fr. 80 le k.
l'Acide phosphorique insoluble	0 fr. 15 à 0 fr. 27 le k.
— — soluble	0 fr. 40 à 0 fr. 70 le k.
la Potasse	0 fr. 40 à 0 fr. 45 le k.

Garanties à exiger des commerçants.

L'analyse seule peut renseigner l'acheteur sur la quantité d'azote, d'acide phosphorique, ou de potasse contenue dans les engrais qu'il achète.

Cette analyse, dès qu'il s'agit d'un achat d'une quantité un peu considérable d'engrais, occasionne pour l'acheteur, une dépense absolument insignifiante et on devrait toujours commencer par la faire exécuter au laboratoire d'une station agronomique. S'agit-il d'un petit cultivateur, n'ayant besoin que d'un ou de deux sacs d'engrais, l'analyse devient au contraire assez onéreuse. C'est alors que le Syndicat peut intervenir de la façon la plus avantageuse pour le cultivateur.

(Grandeau).

Cause de l'abandon des engrais chimiques.

Quatre raisons principales se sont opposées jusqu'ici à l'extension de l'emploi des engrais chimiques, encore hors de proportion avec l'étendue de nos sols en culture, savoir :

1° L'ignorance des bons effets de ces engrais chez un trop grand nombre de cultivateurs.

2° Le mode d'emploi de ces engrais donnés d'une manière souvent inconsciente relativement soit à leurs propriétés, soit aux besoins des végétaux, soit au moment de s'en servir.

3° La fraude éhontée dont le commerce des engrais a été et est encore trop souvent l'objet.

4° Le manque de capitaux d'exploitation dans le plus grand nombre de cas.

Ces causes doivent disparaître.

Les deux premières causes disparaîtront lorsque le cultivateur aura l'instruction suffisante.

La loi du 7 février 1888 sur la répression des fraudes dans le commerce des engrais annulera la troisième cause.

Cette loi punit suivant les cas, de six jours à deux mois de prison et de 50 francs à 4,000 francs d'amende, ceux qui, « *en vendant ou en mettant en vente des engrais ou amendements, auront trompé ou tenté de tromper l'acheteur, soit sur leur nature, soit sur leur provenance, soit par l'emploi, pour les désigner ou les qualifier, d'un nom qui, d'après l'usage, est donné à d'autres substances fertilisantes.* » Que les intéressés exigent des vendeurs l'accomplissement des prescriptions édictées par les articles 3 et 4 de cette loi, sur les garanties données à l'acheteur au moment du marché, qu'ils n'hésitent pas à déférer les trompeurs à la justice, et ils auront vite débarrassé le marché, à leur grand profit, des fraudeurs trop nombreux dont les agissements sont tout aussi préjudiciables aux fabricants honnêtes, (il n'en manque pas, heureusement), qu'aux cultivateurs eux-mêmes.

(Grandeau).

Reste la quatrième cause, le défaut de capitaux ; on parle de recourir à l'intervention de l'Etat !

Mais si le cultivateur comprenait bien ses intérêts et s'il utilisait les engrais organiques : (*purin, boues des rues, balayures, etc.*) qu'il a à sa disposition, il arriverait en peu de temps à avoir les capitaux nécessaires.

En effet, dans une exploitation comptant une dizaine de têtes de gros bétail, des porcs, des chèvres, etc., soit par exemple un poids vif de 5,000 kgr., on devrait produire annuellement 100 tonnes environ de bon fumier valant au moins 1,000 francs. En pratique il est rare qu'une telle exploitation fournisse à ses terres plus de 70 à 75 tonnes de fumier ; en outre celui-ci a perdu un quart ou plus de sa valeur fertilisante, soit une perte totale de 400 fr. au moins. Si cette perte pouvait être diminuée de moitié seulement, la plus-value qui en résulterait pour les récoltes serait au bas mot de 500 fr., cette somme suffirait à l'achat des engrais complémentaires nécessaires pour une culture vraiment rémunératrice ; sans augmentation de frais généraux et sans avance de fonds, on arriverait ainsi en deux ou trois ans, à une augmentation considérable de rendement.

(R. Leblanc).

Manière d'employer les engrais chimiques.

La règle qui doit avant tout présider à l'emploi des fumures quelles qu'elles soient est un épandage aussi parfait que possible, un mélange aussi complet, une dissémination dans la masse de la couche arable aussi intime que faire se pourra. En second lieu, pour l'acide phosphorique, il ne faut pas craindre, de même que pour la potasse, si elle est nécessaire, de faire une très large avance au sol. Aucune déperdition n'est à craindre, et la succession de labours répétés aidera considérablement à accroître la fécondité des champs qui les auront reçus.

En ce qui regarde les engrais azotés solubles pour les nitrates, il faut éviter l'épandage en hiver, c'est au printemps qu'on doit de préférence les employer ; pour les sels ammoniacaux, le danger de perte est beaucoup moins grand, mais il existe et il ne faut guère dépasser dans les épandages d'hiver les besoins apparents de la plante pendant la période où la végétation est très ralentie.

(Grandeau).

LA FUMURE DES CHAMPS ET DES JARDINS.

Nécessité des engrais minéraux.

Il est de toute nécessité de recourir aux sources minérales d'azote, d'acide phosphorique et de potasse que l'industrie met à notre disposition, pour parer à l'insuffisance des fumures organiques.

Appliqués aux prairies et aux pâturages naturels, les engrais commerciaux permettent d'en doubler le rendement dans la plupart des cas ; or, doubler la récolte de fourrage c'est rendre possible l'élevage et l'entretien d'une quantité de bétail double et accroître d'autant la production de fumier de ferme qui demeurera toujours l'élément fondamental de fertilisation des terres arables.

Entourons donc la récolte et la conservation du fumier de tous nos soins, et complétons son action par l'addition de nitrates, de phosphate et de sels de potasse.

(GRANDEAU).

Nécessité de l'acide phosphorique et de la potasse.

Il est de la plus haute importance que les plantes aient de l'acide phosphorique et de la potasse à discrétion. Donnez aux céréales, aux pommes de terre, aux betteraves, etc., une fumure d'azote sous forme de nitrate ou de sulfate d'ammoniaque, elle ne produira aucun effet si le sol manque de potasse et d'acide phosphorique.

Cette précieuse substance sera perdue. Cultivez-vous des engrais verts, cultivez-vous de la luzerne, de la serradelle, des vesces, des pois, etc., ces plantes ne vous accumuleront pas d'azote, et leur végétation sera souffreteuse si le sol manque de potasse et d'acide phosphorique. Cultivez-vous du trèfle, de la luzerne, du sainfoin, etc., ces plantes ne seront pas en mesure d'exploiter l'azote de l'atmosphère, cette mine inépuisable et gratuite, si vous les privez de potasse et d'acide phosphorique. Vos prairies artificielles ne produiront que de maigres récoltes, si vous ne veillez à ce que le sol de ces prairies, qui est en général livré au pillage, renferme une réserve convenable de potasse et d'acide phosphorique.

(*Le Cultivateur Vosgien* n° 69).

Importance des scories de déphosphoration.

Pour mettre les plantes agricoles en mesure d'utiliser l'azote du sol, du fumier, des engrais verts, des nitrates, du sulfate d'ammoniaque, etc., et pour qu'elles donnent des rendements maxima, il faut veiller à ce que ni la potasse, ni l'acide phosphorique ne leur fasse défaut. Il faut en particulier enrichir la terre par de fortes fumures d'acide phosphorique jusqu'à ce qu'elle en possède un excédent convenable, en d'autres termes, jusqu'à ce qu'elle contienne un stock d'acide phosphorique facilement assimilable, suffisant pour l'obtention d'une récolte maxima. Ce stock doit être entretenu par des apports d'acide phosphorique proportionnés à la consommation qui en est faite par les plantes.

Et les substances qui donneront cet acide phosphorique au meilleur marché, seront les scories de déphosphoration (1,000 kil. à l'hectare) ou les phosphates minéraux en poudre fine (2,000 kil. à l'hectare).

(*Le Cultivateur vosgien*, n° 69.)

Avantages des scories.

Les scories de déphosphoration apportent près de la moitié de leur poids de chaux très assimilable,

Leur emploi comme engrais exempte donc du chaulage des terres.

(GRANDEAU).

La terre doit être abondamment pourvue d'acide phosphorique et de potasse pour que le nitrate produise de l'effet.

Un fait essentiel, qu'il ne faut jamais perdre de vue, c'est que les engrais azotés et le nitrate de soude en particulier ne donnent leur plein effet que si le sol offre en même temps à la plante les quantités d'acide phosphorique assimilable et de potasse dont elle a besoin.

On ferait donc, presque en pure perte, une dépense de nitrate de soude en l'épandant sur une terre insuffisamment pourvue en acide phosphorique et en potasse tandis qu'on accroît dans une proportion très notable, parfois dans le rapport de un à quatre, le rendement de certaines cultures sous l'influence combinée du nitrate et de l'acide phosphorique.

(GRANDEAU).

Epoque de l'épandage du nitrate sur les céréales.

Le nitrate produit son effet immédiatement sur les graminées; d'ailleurs on sait que le nitrate de soude est facilement entraîné dans le sous-sol par les eaux pluviales, le pouvoir absorbant du sol ne s'exerçant pas sur l'acide nitrique. C'est donc au printemps qu'il faut le semer. Une pratique excellente, surtout dans les années pluvieuses, consiste à fractionner l'épandage du nitrate pour s'opposer le plus possible à son entraînement dans le sous-sol par les eaux pluviales.

C'est au moment où la végétation est active qu'a lieu l'utilisation la plus complète de l'azote nitrique par la plante.

Au contraire les phosphates adhérant au sol doivent être semés avant le dernier labour d'automne.

(Grandeau).

Double rôle du fumier de ferme.

Pourrait-on se passer du fumier de ferme d'une manière absolue et y suppléer uniquement par les engrais minéraux ? Quelques agronomes l'affirment, et la théorie semble leur donner raison.

Mais le rôle du fumier de ferme ne consiste pas exclusivement dans un apport d'acide phosphorique, d'azote et de potasse, mais aussi dans la modification des propriétés physiques et chimiques de la terre, par l'introduction des matières organiques dans le sol.

Il est donc de beaucoup préférable de répandre le fumier de ferme à moitié dose (30,000 kil. l'hectare) sur deux hectares par exemple, et de recourir pour le reste de la fumure aux engrais minéraux plutôt que de fumer isolément et complètement un hectare au fumier de ferme (60,000 kil.) et l'autre exclusivement avec des engrais minéraux.

(Grandeau).

Importance du nitrate sur les céréales.

L'azote soluble (nitrate ou sulfate) et en particulier celui du nitrate est l'aliment azoté le plus favorable à la production des céréales.

Quantité d'engrais nécessaires pour obtenir une récolte maximum de céréales.

Le rendement maximum des céréales ne peut être obtenu que par une forte fumure à l'hectare, de 60,000 kil. de fumier de ferme à demi consommé et bien conditionné; si on n'emploie que 40 ou 20 tonnes à l'hectare, il faut y suppléer par l'apport d'engrais chimiques.

Quantités d'azote, d'acide phosphorique et de potasse remplaçant le fumier de ferme :

FUMIER DE FERME	DANS LES ENGRAIS CHIMIQUES		
	AZOTE	ACIDE PHOSPHORIQUE	POTASSE
1° 60,000 kil.	néant	néant	néant
2° 40,000 »	20 kil.	42 kil.	20 kil.
3° 20,000 »	40 »	83 »	40 »
4° Pas de fumier.	60 »	125 »	60 »

D'après ce tableau, pour obtenir un rendement

maximum de céréales il faut employer à l'hectare, les engrais suivants :

FUMIER DE FERME	NITRATE DE SOUDE	SCORIES	CHLORURE DE POTASSIUM
60,000 kil.	néant	néant	néant
40,000 »	130 kil.	255 kil.	40 kil.
20,000 »	260 »	510 »	80 »
Pas de fumier.	390 »	765 »	120 »

On peut remplacer les scories par du phosphate minéral ou par du superphosphate à peu près à égale quantité. Les 40, 80 et 120 kil. de chlorure de potassium peuvent être remplacés par 170, 340 ou 510 kil. de kaïnite.

(GRANDEAU).

Usage du nitrate pour les betteraves.

Le cultivateur peut employer avec succès le nitrate de soude pour la fumure de la betterave, aux conditions suivantes :

1° Cultiver une bonne variété, riche en sucre.

2° Employer de la semence de première qualité et de provenance qui assure la pureté de la variété.

3° Joindre une fumure phosphatée à l'emploi du nitrate, de manière à ne pas retarder la maturation de la betterave.

4° Incorporer le nitrate au sol avant l'ensemencement et ne pas l'employer en couverture (ce qu'il faut également éviter de faire pour la pomme de terre).

5° Planter les betteraves à de faibles écartements 50/30 et faire 4 ou 5 binages.

En suivant ces prescriptions, le cultivateur n'aura qu'à se louer de l'emploi du nitrate, à la dose de 250 à 350 kil. au maximum pour les betteraves et de 200 à 250 kil. pour les pommes de terre, dans les sols de richesse moyenne.

(GRANDEAU).

Epandage du nitrate sur les plantes racines.

Le nitrate employé à la fumure des plantes racines ne doit jamais être répandu à la surface du sol après la levée des plantes ; il doit être introduit dans le sol avec le dernier labour ; l'épandage du nitrate en couverture sur les plantes racines a toujours donné de mauvais résultats dans la pratique. Tout ce que nous avons dit précédemment à propos des céréales relativement à l'emploi simultané du fumier de ferme à doses variables et d'engrais minéraux s'applique également aux plantes sarclées.

(GRANDEAU).

Importance de la propreté de la terre.

De toutes les opérations desquelles dépendent les hauts rendements du sol, la première et non la moins importante est le nettoyage de la terre à laquelle on va confier les engrais, ensuite la semence.

Moyen de nettoyer le sol.

Le nettoyage du sol s'impose donc en premier lieu. Le déchaumage est une excellente pratique ; il consiste à arracher à la houe à main, à la charrue ou au scarificateur, suivant l'importance de la culture, les chaumes des blés, des seigles, des colzas, etc., et à les enfouir immédiatement après la moisson, pour permettre aux graines des mauvaises herbes de germer. Quand les plantes nuisibles, provenant de ces semences auront acquis un certain développement, un labour qui les enterrera avant qu'elles aient pu fleurir en débarrassera le cultivateur. Le déchaumage est bien préférable à un labour qu'on donnerait immédiatement après la moisson. L'opération doit être superficielle, en effet, afin que les graines, à peine recouvertes de terre, puissent germer à la première pluie. La charrue enfouirait beaucoup trop profondément les semences que le labour d'automne ramènerait à la surface, leur permettant ainsi de germer en même temps que le blé ou le seigle. Les mauvaises herbes envahiraient de nouveau la sole des céréales.

(GRANDEAU).

Avantages de l'ameublissement du sol.

Plus l'ameublissement et la division d'un sol qui a été bien fumé est considérable, plus la dissémination de l'engrais, qui en est la conséquence est parfaite, plus grande sera la facilité qu'auront les plantes de développer leurs racines, organes essentiels de l'assimilation des matières fertilisantes, et plus élevé par conséquent sera le rendement de la terre.

(GRANDEAU).

Epoque de l'épandage des engrais minéraux.

C'est au moment des labours d'automne qu'il convient d'introduire les phosphates minéraux, ou le superphosphate dans le sol. Le nitrate de soude devra être exclusivement employé au printemps.

Mélange à l'étable des engrais minéraux au fumier.

Si l'on a recours au phosphate minéral en poudre fine, l'un des modes les plus économiques d'emploi consiste à le répandre à l'étable sur les fumiers. Suivant les quantités que l'on aura décidé de donner au sol auquel on réserve le fumier, on fera varier la dose de phosphate de 200 à 500 grammes au plus, par jour et par tête de bétail. Plus l'état de ténuité auquel le phosphate minéral est réduit sera considérable et plus il se disséminera dans le sol sous l'influence du labour, mieux il sera assimilé par les récoltes. L'épandage du phosphate sur le fumier à l'étable aide à cette dissémination. Le superphosphate et le plâtre mélangés au fumier ont la propriété de s'opposer à la perte de l'ammoniaque à l'étable.

(GRANDEAU).

Epandage des engrais.

Si l'on sème à la volée, il est bon de partager l'engrais en deux parties égales : la première sera semée dans le sens de la longueur, la deuxième dans le sens de la largeur. Choisir une journée calme, pour éviter l'action du vent. Il est utile de mélanger à l'engrais une certaine quantité de terre fine passée au tamis, ou du plâtre.

(GRANDEAU).

Mélange des engrais chimiques à la terre.

La condition indispensable à l'absorption d'un engrais par une plante, c'est que cet engrais touche la racine; donc il faut que les matières nutritives soient répandues dans tous les points du sol, où les racines doivent se développer.

Le développement des racines est beaucoup plus considérable qu'on ne le suppose généralement.

S'il existe un point dépourvu d'engrais, la racine n'absorbera aucune substance nutritive quand sa région absorbante passera par ce point. La plante sera comme un animal qui recevrait une ration incomplète, il y aura une lacune dans son accroissement.

La nécessité du mélange intime des engrais avec le sol est rendue évidente par ces considérations.

(R. LEBLANC).

La proportion des engrais doit être équilibrée.

1° Dans toute terre arable quatre éléments minéraux, l'azote, l'acide phosphorique, la potasse et la chaux suffisent pour former un engrais complet, c'est-à-dire un aliment assurant le parfait développement des végétaux cultivés ;

2° L'air doit pouvoir pénétrer facilement dans le sol, les racines ne peuvent se passer d'oxygène ; elles respirent comme les feuilles ;

3° Les quatre éléments constituant l'engrais complet n'épuisent pas le sol, même s'ils sont apportés sous forme d'engrais chimiques ;

4° Pour produire son effet maximum, l'engrais complet doit être en suffisance ; de plus, après avoir reçu l'engrais, le sol doit contenir les quatre éléments dans une proportion déterminée qui dépend de l'espèce du végétal cultivé ;

5° Si l'équilibre de cette proportion est détruit, la végétation souffre et toute insuffisance de l'un des quatre éléments rend inutile ou même nuisible l'excès des autres.

(R. Leblanc).

Action des engrais complets et incomplets.

Fig. 63. Culture démonstrative sur l'orge.

D'après une photographie des expériences de M. Voillemier, président du Comice de Chaumont.

Les semis d'orge avaient été effectués vers le 15 mars dans une terre pauvre à laquelle on avait ajouté une très forte dose d'engrais. Le n° 1 avait reçu :

Nitrate de soude.	10	grammes	(*a*)
Superphosphate	10	»	(*b*)
Chlorure de potassium . .	7.5	»	(*c*)
Plâtre	20	»	(*d*)

Au n° 2, il ne manquait que (*a*) ; au n° 3, (*b*) faisait seul défaut ; au n° 4 (*c*). Le n° 5, qui n'a pas reçu de plâtre, n'est pas privé de chaux, le superphosphate (*b*) lui en a apporté ; ce terme de l'expérience n'est pas précis, on peut, sans inconvénient le supprimer. Le n° 7 est le témoin sans aucun engrais ; quant au n° 6, il représente un effet au sulfate de fer.

La dose de l'engrais total, *donné à l'état solide*, peut être élevée à dix fois celle d'une fumure ordinaire sans qu'il en résulte d'inconvénients si *l'engrais est complet ;* les quatre éléments sont alors équilibrés et la végétation se fait dans de bonnes conditions. Mais il n'en est pas toujours de même, si, tout en conservant une dose élevée, on vient à supprimer l'un des quatre éléments dans l'engrais employé ; l'équilibre peut être rompu si le sol ne contient pas l'élément supprimé; alors les conditions de végétation sont modifiées considérablement et l'un des principes fondamentaux énoncés précédemment se vérifie, à savoir que *l'insuffisance de l'un des quatre éléments rend inutile ou même nuisible l'excès des autres.* C'est ce qui arrive dans l'expérience dont la figure 63 reproduit la photographie; à la récolte, le n° 2 qui manquait seulement d'azote, puisqu'il a reçu (*b*), (*c*) et (*d*), mais surtout le n° 3, auquel l'acide phosphorique seul a fait défaut, étaient inférieurs au témoin qui n'a reçu aucun engrais; le n° 3 n'a donné que 24 grains pesant 1 gramme, tandis que le n° 7, le témoin, produit 96 grains pesant 4 grammes. Les pots qui ont donné les meilleurs résultats sont nécessairement ceux où l'engrais a été le mieux équilibré : le n° 1 engrais complet, a donné 165 grains et 14 grammes de paille ; le n° 4, lui est supérieur avec ses 182 grains et ses 24 grammes de paille ; ce qui prouve que la terre de l'expérience est suffisamment pourvue de potasse, puisque l'addition de cet élément diminue la récolte. Les expériences de ce genre permettent de se renseigner sur les besoins d'une terre.

Ne pas mélanger le nitrate de soude et le superphosphate.

Si l'on veut employer simultanément le nitrate de soude et le superphosphate, il faut absolument éviter de mélanger à l'avance ces deux engrais. L'acide du superphosphate réagissant sur le nitrate de soude peut décomposer partiellement ce dernier, ce qui entraînerait une perte d'azote nitrique ; le mieux est de faire alors la semaille en deux fois. Il ne faut pas non plus mélanger la chaux ou les scories de déphosphoration avec le fumier ou les sels ammoniacaux, la chaux faisant dégager l'azote sous forme d'ammoniaque.

CULTURE MARAICHÈRE.

Insuffisance du fumier d'étable pour culture maraîchère.

L'emploi du fumier seul est absolument insuffisant pour la culture maraîchère et le jardinage.

S'il est mis en petite quantité, cela se comprend facilement ; s'il est mis à haute dose comme dans les jardins consacrés de longue date à la culture maraîchère où on apporte chaque année de grandes quantités de fumier, il arrive que le sol devient presque du terreau pur, qui renferme à un moment donné *à l'état inerte pour la végétation* des quantités considérables d'azote organique qui n'a pas eu le temps de se nitrifier, tandis que la plus grande partie de la potasse et de l'acide phosphorique est exportée annuellement par les récoltes qui se succèdent. Il faut donc hâter la transformation de l'azote organique en nitrate et fournir au sol au meilleur marché l'acide phosphorique et la potasse qui lui manquent.

(GRANDEAU).

Culture des pois et des haricots sur grandes surfaces.

Ces plantes n'ont pas besoin d'engrais azotés complémentaires. Le sol fumé régulièrement au fumier d'étable leur fournit assez d'azote, dans la première période de leur existence, pour qu'elles se développent vigoureusement et soient en état de puiser leur alimentation azotée dans l'air atmosphérique. Les pois, les haricots et les autres plantes de la famille des papilionacées sont aptes, on le sait, à se nourrir, par l'intermédiaire des microorganismes de leurs nodosités, de l'azote gazeux de l'air.

Cette faculté fait défaut à tous les autres végétaux cultivés. On peut donc se contenter de donner aux pois et aux haricots de l'acide phosphorique et de la potasse.

M. J. Wagner recommande, par hectare, la fumure suivante : 230 kil. de phosphate de potasse et 80 kil. de chlorure de potassium.

On mélange ces engrais et on les répand sur le sol, en automne, en hiver ou au printemps, puis on les enfouit à 10 ou 15 centimètres de profondeur par un trait de charrue ou de herse.

(GRANDEAU).

Culture des choux sur grandes surfaces.

Ces plantes exigent une forte fumure, particulièrement en potasse et en azote. Il y a lieu de leur donner par hectare : 230 kg. de phosphate de potasse et 130 kg. de chlorure de potassium.

On fume à l'automne, en hiver ou au printemps et l'on enterre l'engrais. Immédiatement après la mise en place des replants, on répand 250 kg. de nitrate de soude en couverture ; quatre semaines après, on donne encore la même dose de nitrate qu'on mélange au sol en binant les plants.

Comme le nitrate de soude favorise la formation de croutes à la surface du sol, il faut pratiquer soigneusement le binage de la terre à la houe.

(GRANDEAU).

Engrais pour petits jardins privés.

D'après les expériences nombreuses qu'ont faites plusieurs agronomes distingués, le meilleur engrais pour petit jardin attenant à la maison devrait être composé comme suit pour 100 kil.:

Phosphate d'ammoniaque	28 à 30 kg.
Nitrate de potasse	44 à 45 kg.
— de soude	15 à 16 kg.
Sulfate d'ammoniaque	10 à 11 kg.

On considère comme une fumure normale pour jardin potager, l'emploi de 500 kg. de ce mélange par hectare, soit 5 kg. par are, ou 500 grammes par planche de 1 m. de large sur 10 m. de long. On sème cette dose aussi régulièrement que possible sur le sol, avant le labour à la bêche qui précède les semis ou la plantation, au printemps, par conséquent.

(GRANDEAU).

Où trouver cet engrais ?

Les agriculteurs, les jardiniers et les amateurs peuvent se le procurer par l'intermédiaire de l'*Office général des Agriculteurs*, dont le siège est : 12, rue du Hàvre, à Paris, et que dirige M. E. Sainte-Claire Deville, son fondateur. L'office général des agriculteurs fera connaître aux personnes qui s'adresseront à lui, les prix des engrais de toutes sortes, semences, instruments, etc., qu'il est en mesure de leur procurer avec garantie de titre pour engrais, de pureté et de faculté germinative pour les semences.

L'office livre les engrais pour jardins et pour fleurs d'appartements par petites quantités.

(GRANDEAU).

Prix de l'engrais pour jardins et fleurs.

Cet engrais se vend actuellement aux prix suivants :

Par sac de	100 kil. :	80	francs	sur	wagon	Paris
» » »	50 »	45	»	»	»	»
» » »	10 »	12	»	»	»	»

et franco dans toutes les gares de France en colis postal au prix de 2 fr. le kilog. par caisses de 5 kil. et de 2 fr. 50 par caisses de 3 kg.

(GRANDEAU).

Fumure en arrosage.

M. J. Wagner recommande, avec sa compétence en cette matière, un autre mode de fumure qui est plus efficace encore que l'épandage du mélange à la volée.

Ce mode consiste dans l'emploi d'une solution de l'engrais dans l'eau. Voici comment on doit opérer. Dans 1000 litres d'eau on dissout 1 kil. de l'engrais pour jardin (1 gr. par litre), et l'on arrose avec 20 litres de cette dissolution 1 mètre carré du sol, cet arrosage revient à donner 200 kil. d'engrais par hectare, ou 2 kil. par are. Les arbustes, plantes d'ornement, arbres à fruits et raisins dont la production ligneuse est chétive, les asperges, choux, betteraves, céleri, concombres, les fleurs à feuillage abondant se montrent particulièrement reconnaissants, dit M. J. Wagner, d'un semblable arrosage renouvelé toutes les 4 ou 6 semaines. Les arbres et arbustes âgés de plusieurs années ne doivent plus recevoir de fumure à partir du mois d'août, l'engrais donné à cette époque pouvant empêcher le bois de mûrir convenablement.

M. J. Wagner recommande, ainsi que nous, l'emploi des scories de déphosphoration comme fumure fondamentale des jardins, cette excellente matière apportant, en plus que l'acide phosphorique, de la chaux assimilable très utile dans la plupart des terrains potagers.

(Grandeau).

VIGNES ET ARBRES FRUITIERS.

Fumure des arbres fruitiers.

M. Grandeau, comme M. Wagner, s'élèvent contre l'insuffisance de la fumure des arbres fruitiers. Ils voient dans l'emploi judicieux des engrais un moyen très efficace de combattre le dépérissement des arbres de nos jardins par la sécheresse, les attaques des insectes et les affections parasitaires.

Pour les arbres isolés dont la couronne, mesurée à un demi-mètre des plus hautes branches, couvrirait par ses projections une surface de 25 m. c., ils recommandent par pied d'arbre la fumure suivante : 570 gr. de phosphate de potasse, 100 gr. de chlorure de potassium et 500 gr. de nitrate de soude.

On répand cet engrais sur le sol en novembre ou pendant l'hiver, on laboure à la bêche en enfouissant l'engrais à une profondeur qui dépend de la nature du terrain et des dimensions de l'arbre. Pour les vergers, on peut employer à l'hectare :

230 kg. de phosphate de potasse et 40 kg. de chlorure de potassium, qu'on enterre de novembre à février par un labour assez profond ; puis au printemps on sème à la volée 200 kg. de nitrate de soude.

L'introduction du plâtre à raison de 500 gr. à 1 kg. par arbre donnera toujours de bons résultats.

Les altérations de l'écorce et celles des fruits des poiriers, par exemple les tavelures comme les appellent les jardiniers, disparaissent sous l'influence d'une forte fumure phosphatée.

Fumure de la vigne.

La composition suivante d'un mélange d'engrais minéral a donné de très bons résultats, employée en sol pauvre, sur différents vignobles de l'est de la France :

Scories de déphosphoration. .	1000 kg.
Kaïnite.	1000 kg.
Nitrate de soude	300 kg.
Plâtre moulu	1500 kg.

On pourrait remplacer les 1000 kg. de scories de déphosphoration par 2000 kg. de phosphate minéral en poudre fine.

(Grandeau).

PRAIRIES NATURELLES.

Nécessité des engrais minéraux.

C'est une erreur absolue, beaucoup trop répandue encore chez certains cultivateurs, de considérer comme inutile la fumure des prairies. L'alimentation du bétail sera d'autant meilleure et les rendements en foin d'autant plus élevés que les prés seront mieux entretenus et fumés. L'idéal serait de pouvoir concentrer dans une exploitation les fumures intensives sur les prairies, de manière à récolter beaucoup de fourrage, ce qui permettrait d'élever et de nourrir beaucoup de bétail et produire beaucoup de fumier.

La garniture de la prairie est d'autant plus abondante que le sol est mieux pourvu en éléments minéraux assimilables et notamment en acide phosphorique. Les deux matières fertilisantes par excellence pour les prairies, et notamment pour celles qui sont déjà anciennes, sont les phosphates et les sels de potasse (Kaïnite). Si l'on a recours à l'emploi du nitrate de soude, il ne faut pas en exagérer la dose : 60 à 80 kg. à l'hectare suffisent en général. Les légumineuses qui forment la garniture de la prairie, puisent dans l'air l'azote nécessaire à leur nutrition ; mais cette assimilation de l'azote gazeux n'a lieu qu'autant que les plantes rencontrent dans le sol une quantité suffisante d'acide phosphorique, de potasse, etc. Une fumure annuelle à l'automne ou à la fin de l'hiver, de 600 kg. à 1000 kg. de scories de déphosphoration, et de 400 à 500 kg. de kaïnite si le sol manque de potasse, est tout à fait rémunératrice dans la plupart des cas. La dépense qu'occasionne cette fumure est, à l'hectare, de 55 à 80 francs. L'acide phosphorique transforme la nature d'une prairie en permettant le développement des légumineuses, trèfle blanc, etc., dont les graines enfouies dans le sol ne se montrent que sous l'influence de la fumure phosphatée. On se trouve particulièrement bien de l'emploi des sels de potasse pour la fumure des prairies humides.

On double parfois le rendement en foin et en regain d'une vieille prairie par l'apport de quantités convenables de phosphate et de potasse.

Contrairement au préjugé trop répandu encore que

l'herbe doit pousser sans fumure, les cultivateurs ont donc tout intérêt à faire une large part aux prairies dans la répartition des engrais, et c'est dans le plus grand nombre des cas, à la fumure minérale qu'ils devront recourir, réservant pour les terres en culture le fumier d'étable presque partout produit en quantité insuffisante pour subvenir aux exigences des champs.

Récolte des prairies.

Tandis que les céréales doivent toujours être récoltées à maturité, il faut au contraire couper les herbes des prairies naturelles et artificielles bien avant que les grains soient formés, la plante atteignant sa teneur maximum en principes nutritifs convenables pour l'alimentation du bétail au moment de la floraison.

(Grandeau).

EXPÉRIENCES

Dans le petit ouvrage cité plus haut : « *Notions de sciences physiques et naturelles appliquées à l'agriculture* » M. René Blanc a réuni 50 expériences dont plus de moitié concernant spécialement l'agriculture.

L'auteur dit dans la préface de ce livre : « *Si les enfants de nos campagnes possédaient à leur sortie de l'école le minimum de connaissances représenté par les 50 expériences réunies spécialement pour eux dans ce petit livre, ils se rendraient compte en-*

suite facilement des pratiques agricoles appliquées par leur père ou leur voisin, ils liraient avec goût, et par conséquent avec fruit, les ouvrages scientifiques écrits pour eux, ils suivraient avec profit les conférences et les expériences agricoles de leur canton, en un mot, l'école les aurait préparés à l'apprentissage intelligent de la profession d'agriculteur.

» *Ce serait le point de départ d'un grand progrès pour notre première industrie nationale.* »

Préparation des engrais pour expériences.

Quatre substances minérales, l'azote, l'acide phosphorique, la potasse et la chaux sont nécessaires et suffisantes pour assurer le développement normal de toutes les plantes ; c'est là une notion fondamentale sur laquelle s'appuie la culture moderne, et que nos expériences doivent mettre en évidence.

La proportion des quatre éléments fertilisants n'est pas constante ; la plus favorable au développement d'un végétal varie avec chaque espèce botanique ; mais la pratique a montré qu'un engrais est assez bien équilibré pour toutes les espèces s'il renferme des quantités à peu près égales de chacun des quatre éléments. On prépare cet engrais en appliquant l'une des formules suivantes :

1re Formule. — Dissoudre dans un demi-litre environ d'eau chaude :

Nitrate de soude.	30	grammes
Chlorure de potassium . .	10	»
Sulfate de fer	1	»

Ce qui correspond à environ 4 grammes d'azote et autant de potasse. L'addition du fer a pour but de prévenir la chlorose.

Mettre dans un verre, d'autre part, de 30 à 40 grammes de superphosphate (selon le titre) de façon à avoir de 4 à 5 grammes d'acide phosphorique, arroser d'acide chlorhydrique (ou autre) étendu de trois ou quatre fois son volume d'eau, de manière à obtenir un mélange pâteux; abandonner quelques instants afin que l'acide dissolve tout le phosphate rétrogradé; ajouter de l'eau peu à peu en agitant; neutraliser l'acide en excès par de la craie pilée, la quantité de craie est suffisante quand l'effervescence cesse, mêler le magma obtenu et la première solution.

Filtrer le tout et recueillir le liquide clair dans une bouteille d'un litre, ajouter de l'eau pour remplir complètement la bouteille, la boucher et l'agiter pour bien mélanger, enfin la revêtir d'une étiquette portant la mention :

Engrais concentré
50 grammes dans 1 litre d'eau.

2e FORMULE : A défaut des produits précédents, on pourra préparer un engrais semblable si l'on a du salpêtre ordinaire (nitrate de potasse) et de l'acide azotique.

Dissoudre, d'une part, 10 grammes de salpêtre dans un peu d'eau, ce qui représente environ 4 grammes de potasse et un peu plus d'un gramme d'azote.

Pour avoir un produit analogue au précédent, il

faut compléter à 4 ou 5 grammes la teneur en azote, et ajouter la même quantité d'acide phosphorique ; pour cela, on peut dissoudre des os calcinés dans de l'acide azotique.

Mettre dans un verre, de 10 à 20 grammes d'os bien calcinés et pulvérisés, de 40 à 50 grammes d'acide azotique ordinaire, puis environ deux décilitres d'eau ; agiter avec une tige de fer ; la quantité de ce métal ainsi introduite dans l'engrais est suffisante.

Faire bouillir dans un ballon de verre pour réduire le volume de moitié, on chasse ainsi l'excès d'acide azotique. Au lieu de le chasser par ébullition on peut le neutraliser, comme précédemment par la craie ; dans ce cas, on enrichit l'engrais en azote, le nitrate de chaux formé étant soluble reste dans la liqueur.

Mêler la solution de salpêtre et le produit résultant de l'attaque des os, filtrer ensuite, compléter le volume à 1 litre et étiqueter comme pour la 1re formule.

Voici deux autres formules d'engrais pour expériences, ou pour culture d'appartement; la chaux est insuffisante dans la 4e formule, ce qui n'a aucun inconvénient pour la culture des fleurs en pot si la terre est calcaire.

3e FORMULE :

Nitrate de chaux	25	grammes.
Nitrate de potasse. . . .	10	—
Phosphate de soude . .	10	—
Sulfate de magnésie . .	4	—
Sulfate de fer.	2	—

4e FORMULE :

Nitrate d'ammoniaque . . .	10	grammes.
Biphosphate d'ammoniaque.	10	—
Nitrate de potasse.	10	—
Sel ammoniac.	5	—
Sulfate de chaux (plâtre). . .	3	—
Sulfate de fer	2	—

Un litre d'engrais concentré, préparé d'après ces formules, renferme bien des quantités à peu près égales d'azote, d'acide phosphorique et de potasse, soit environ 4 grammes de chacun de ces trois éléments nutritifs ; la chaux y figure aussi pour le même poids, sauf dans la dernière formule. Ces engrais sont donc équilibrés pour toutes les cultures ; mais si on les employait concentrés, ils feraient périr les végétaux. Ils contiennent, par litre, d'après leur formule de préparation, environ 50 grammes de sels minéraux solubles (nitrate, phosphate, chlorure) qui ont apporté les 4 grammes environ de chaque élément (azote, acide phosphorique, potasse et chaux) ; or, l'expérience prouve qu'un engrais liquide ne doit pas renfermer plus de 5 grammes de sels minéraux solubles par litre, sous peine de rendre les plantes pléthoriques ou même de les brûler si la dose est beaucoup plus forte. On étendra donc le liquide concentré ; il convient d'employer d'abord, pour les jeunes plantes, une dissolution renfermant 1 gramme seulement par litre ; on augmente ensuite progressivement la dose de manière à arriver à 5 grammes avant la floraison.

En mélangeant les produits de la 3e formule, la masse devient rapidement fluide sans qu'on ajoute d'eau, et le mélange est peu maniable. Il n'en est pas de même pour la 4e formule. Le mélange se conserve sec, en vase clos. On trouve dans le commerce, sous le nom d'engrais Jeannel, un produit analogue qui est employé pour les plantes d'appartement, on en met une pincée dans l'eau d'arrosage.

(R. Leblanc).

Culture dans l'eau.

La méthode de culture dans l'eau, qui date d'un siècle, consiste à remplacer le sol par l'eau pure à laquelle on ajoute des engrais dissous comme on l'a fait pour la culture dans du verre cassé.

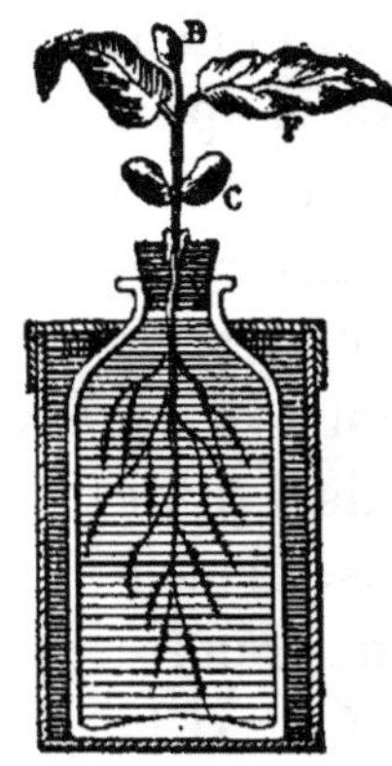

Fig. 64. Culture dans l'eau.
Le liquide nutritif est mis à l'abri de la lumière afin d'empêcher la naissance d'algues qui s'y développeraient rapidement.

Expérience. — L'expérimentation se prépare comme suit : le bouchon (fig. 64) doit être percé de deux trous : l'un, au centre, d'un diamètre égal a celui que peut atteindre le collet de la racine ; l'autre, sur le côté (fig. 65), donne passage à un tube qui permet d'aérer le liquide, de le compléter, ou de l'enlever et de le remplacer.

Pour soutenir la plante, on dispose en croix, dans le bas du trou central, deux bûchettes qui traversent le bouchon perpendiculairement à son axe.

La figure 65 représente l'une des plus jolies expériences de cultures dans l'eau, celle d'un pied de maïs qu'on amène facilement à fruit. Il faut un flacon d'une capacité d'au moins 4 litres. Sous l'action de la lumière, le liquide nutritif se peuple d'algues vertes qui l'épuisent et qui, de plus, empêchent de bien voir les racines ; on évite cet inconvénient au moyen d'une boîte en carton dans laquelle on enferme le flacon, ou plus simplement, d'une enveloppe en papier goudronné qui intercepte le passage de la lumière. L'enveloppe doit être mobile afin de permettre l'observation des racines, car l'expérience est surtout utile pour l'étude de leur développement et de leurs fonctions.

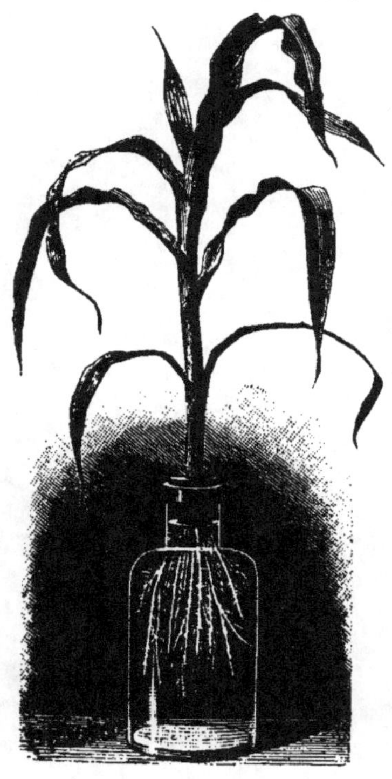

Fig. 65. Culture du maïs dans l'eau.
Les racines doivent toujours être immergées dans le liquide, sans que celui-ci touche le bouchon.

Si le liquide nutritif venait à se gâter, ce qui arrive souvent quand il touche le bouchon, et ce qu'on reconnaîtrait à son odeur ou à son trouble, on le siphonnerait au moyen d'un caoutchouc adapté au tube plongeant et sans incliner le vase, de façon à ne point blesser les racines ; on remplirait ensuite le flacon de liquide neuf au moyen d'un entonnoir adapté au même caoutchouc.

Au début de l'expérience, le liquide nutritif devra contenir, par litre, deux centilitres de l'engrais concentré, c'est-à-dire 1 gramme de matières fertilisantes solubles ; à mesure que la plante grandit, on augmente progressivement la dose pour atteindre 5 grammes à la période de la floraison, ce qui correspond à 10 centilitres d'engrais concentré pour un litre de la liqueur nutritive servant au remplissage quotidien du flacon d'expérience.

Résultat de la suppression d'un des éléments de l'engrais.

Sarrasin avec potasse.

Sarrasin sans potasse.

On prépare deux solutions nutritives comme on l'a indiqué; à l'une des deux, on supprime la potasse; c'est-à-dire qu'on n'emploie pour la préparer, ni chlorure de potassium, ni cendres, ni aucun produit renfermant de la potasse.

On dispose ensuite, deux cultures de sarrasin dans l'eau comme il a été indiqué, et l'on entretient l'une avec l'engrais complet, l'autre avec l'engrais incomplet auquel il ne manque que la potasse. Le premier sarrasin pousse vigoureusement, et quand il est arrivé à maturité, le second qui ne pousse guère mieux que s'il vivait dans l'eau pure, atteint à peine 1 décimètre de hauteur.

Quand au lieu de supprimer la potasse on supprime l'acide phosphorique, le résultat est le même; dans le cas où l'on supprime l'azote la végétation est moins chétive pour le second sarrasin.

Culture dans un milieu stérile.

On emplit un pot à fleur de verre cassé, les plus gros fragments de la grosseur d'un noyau d'abricot sont placés au fond du pot ; les plus petits de celle d'un grain de blé sont disposés par dessus. Dans ce terrain on enfonce à une profondeur de 1 centimètre et demi à deux une demi-douzaine d'haricots : les nains hâtifs d'Etampes conviennent surtout à cause de la rapidité de leur croissance.

Fig. 60. Haricots poussant dans du verre cassé. Les cotylédons ont rempli leur rôle, l'engrais est devenu indispensable.

L'assiette *a* devra toujours contenir du liquide nutritif ainsi composé : Dans une bouteille d'un litre environ on mettra deux centilitres d'engrais concentré et on achèvera de remplir avec de l'eau ordinaire. Quand cette première bouteille d'engrais sera épuisée, on en préparera une seconde qui renfermera 3 ou 4 centilitres d'engrais concentré et on ira ainsi en augmentant la dose qui atteindra 10 centilitres soit 5 grammes de matières solides par litre quand les premières feuilles apparaîtront.

Trois pieds de haricots suffisent pour un pot de grandeur moyenne (environ 20 centimètres de diamètre). Aussi quand les plantes arriveront à leur seconde ou troisième paire de feuilles à la chute des cotylédons, on ne conservera que les trois plants les plus vigoureux ; on arrachera les autres avec précaution sans blesser leurs voisins.

Fig. 61. Haricots cultivés dans du verre cassé. Après la floraison, l'engrais est devenu inutile.

Cette expérience prouvera d'abord qu'un engrais qui contient les quatre éléments suffit aux besoins du végétal : il est certain en outre que cet engrais n'a pas épuisé le sol, puisque celui-ci ne contenait aucun élément nutritif.

Pouvoir absorbant de la terre.

On a enseigné et l'on enseigne encore fréquemment dans les écoles que, seules, les matières fertilisantes solubles dans l'eau peuvent servir à la nutrition des végétaux.

C'est là, fort heureusement, une erreur, car s'il en était ainsi, les pluies entraîneraient, dans le sous-sol les aliments minéraux solubles, ils lessiveraient la couche arable et la stériliseraient rapidement.

Les terres arables ont la curieuse et importante propriété d'absorber et de retenir, en les fixant à l'état insoluble la potasse, l'acide phosphorique et l'ammoniaque en dissolution que leur apportent les engrais.

Cette propriété est désignée sous le nom de pouvoir absorbant, elle rend compte de plusieurs faits importants en agriculture dans le rôle et le mode d'emploi des engrais ; il est nécessaire de l'étudier spécialement.

On remplit deux pots à fleur de terre prise dans un champ ordinaire et préalablement débarrassée de ses cailloux. On tasse légèrement en frappant de la main les pots à fleur, puis on verse dessus, lentement et par petites fractions, un volume égal de purin à peu près à la moitié de ces pots.

Le purin le plus noir et le plus infect sera débarrassé par son passage à travers la terre, de la presque totalité des matières fertilisantes qu'il renfermait : les quelques gouttes de liquide qui s'écouleront par le trou des pots à fleurs seront décolorées et désinfectées. Si un chimiste en faisait l'analyse, il n'y trouverait plus ou presque plus de potasse, d'acide phosphorique, ni d'ammoniaque, tandis que le purin en renferme une quantité notable.

La terre a donc épuré le purin, elle a retenu les matières en suspension, elle a absorbé la couleur, l'odeur, tout excepté l'eau qui coule claire. De plus elle a fixé à l'état insoluble, les matières absorbées.

En effet, si, après avoir laissé ressuyer la terre de l'un des pots, on l'arrose lentement et par fraction d'un volume d'eau de source double ou triple de celui du pot, l'eau s'écoulera limpide par le fond du pot, sa saveur ne sera pas modifiée et une analyse démontrerait qu'elle n'a rien dissous en traversant la terre abreuvée préalablement de purin, elle n'a donc rien pris de ce que la terre avait absorbé.

On s'en rendra compte en continuant l'expérience de la manière suivante : Aux deux pots à fleurs renfermant l'un de la terre arrosée de purin, l'autre la même terre arrosée de la même quantité du même purin, mais lavée ensuite à l'eau ordinaire, on en ajoutera un troisième contenant la même terre, mais n'ayant rien reçu. Dans chacun des pots, on sémera une douzaine de graines (orge ou avoine) ; après la germination, on ne laissera dans chaque pot, que le même nombre de pieds, cinq par exemple, des plus vigoureux et on placera le tout en plein air dans la cour ou au jardin ; des arrosages à l'eau ordinaire seront nécessaires comme pour toutes les plantes cultivées en pots.

Dès le mois d'avril, la différence de végétation sera frappante entre le 1er pot (sans purin) et les deux autres ; pour ceux-ci, (avec purin) il n'y aura pas de différence notable, l'expérience mérite, par l'intérêt qu'elle présente, d'être continuée jusqu'à la maturité des graines ; elle conduit à la conclusion suivante : *le sol fixe les matières fertilisantes à l'état insoluble et ne les cède ensuite qu'aux végétaux.*

Fig. 16. Expérience sur le pouvoir absorbant.

Il y a exception pour les nitrates, le sol ne les retient pas. Il en est de même de la chaux quand elle peut se dissoudre. Le pouvoir absorbant ne s'applique donc qu'aux trois matières minérales, potasse, acide phosphorique et ammoniaque ; il y a même une restriction à faire pour cette dernière. On a vu, en effet, que dans le sol, les sels ammoniacaux subissent la nitrification ; il en résulte que la terre arable retiendra l'azote tant qu'il sera ammoniacal, mais ne le retiendra plus quand il aura subi la nitrification, nous tiendrons compte de cette conséquence dans l'application des engrais azotés.

Le pouvoir absorbant du sol nous explique pourquoi les eaux de source sont pures. Il nous montre aussi la nécessité dans l'épandage des engrais de répartir et de mêler aussi parfaitement que possible les engrais avec la terre ; puisqu'ils sont insolubles, les eaux pluviales ne peuvent effectuer le mélange ;

celui-ci donc doit être fait par les façons du sol de manière à assurer sur la plus grande surface possible le contact des racines avec les substances nutritives fournies par les engrais.

TABLE DES MATIÈRES

EPINAL. — IMPRIMERIE VOSGIENNE.

www.ingramcontent.com/pod-product-compliance
Lightning Source LLC
LaVergne TN
LVHW011954160826
845678LV00002B/538
9782329681450